U0831445

和孩子一起学解决问题

梁志援

山西出版传媒集团
山西教育出版社

图书在版编目（CIP）数据

和孩子一起学解决问题 / 梁志援编著. -- 太原：
山西教育出版社, 2014.5（2016.1重印）
（少年思维训练丛书）
ISBN 978-7-5440-5033-3

Ⅰ. ①和… Ⅱ. ①梁… Ⅲ. ①问题解决（心理学）—儿童教育
—家庭教育 Ⅳ. ①B842.②G78

中国版本图书馆CIP数据核字(2014)第047364号

本书由香港思聪儿童教育机构创始人梁志援授权山西教育出版社
在中国大陆地区出版发行简体中文版

书　　名 / 和孩子一起学解决问题
作　　者 / 梁志援

出 版 人：雷俊林
策划编辑：潘　峰
责任编辑：李梦燕
复　　审：彭琼梅
终　　审：张沛泓
装帧设计：薛　菲
助理设计：陈　晓　孟庆媛
印装监制：贾永胜
出版发行：山西出版传媒集团·山西教育出版社
（地址：太原市水西门街馒头巷7号　电话：0351-4729801　邮编：030002）
印　　装：山西人民印刷有限责任公司
开　　本：787×1092　1/16
印　　张：5.25
字　　数：99千字
版　　次：2014年5月第1版　2016年1月山西第2次印刷
印　　数：3 001—6 000册
书　　号：ISBN 978-7-5440-5033-3
定　　价：12.00元

作者简介

梁志援，思聪少年思维训练课程总监(http://www.youngthinker.net)，先后受业于香港理工学院(即现今香港理工大学)及澳门东亚大学(即现今澳门大学)，获财务管理文凭、市场学文凭及工商管理硕士荣衔，并具多年少年思维训练及儿童计算机教育经验，亦为香港计算机学会、英国特许市场学会、香港计算机教育学会及香港网上教育学会会员。

梁先生致力研究通过计算机科技、心理学、教练技术、体验式学习及神经语言程序学(NLP)来培训新一代的儿童及少年人，曾修读多项世界著名的培训课程来学习思维方法、历奇教学、潜意识运作、心灵转化等技巧及阅读过数以千计的相关书籍。

“硬”知识 “软”智慧

这是一套操作性极强的工具书

翻开毕业纪念册，你会发现，同学们的学历是完全一样的，所学到的东西大致相同，年龄、背景差不多，但多年以后，成就却有极大的差距。你可能会归因这是天时、地利、人和的不同，是命运的捉弄，使得有些人的际遇很差，事事不利；有些人则得到贵人扶持，加上好运气，所以顺风顺水。但除了这些所谓“命运”因素外，还有没有其他原因？

一段学业的完成代表大家得到了大致相同的“硬”知识，但为什么有些人运用知识时更得心应手，可以用得更快、更顺畅？对！因为他们有更多的“软”智慧来配合。

知识型社会已经来临，知识比过去任何时期都更为重要，每一个人都必须在“硬”知识上投入更多精力、时间，如考取一个学位、获得专业资格或学会一门谋生的技能等。无可否认，这些“硬”知识可以帮助我们增强竞争能力，奠定谋生的基础，但要使“硬”知识发挥得更加得心应手，就必须同时要有一套“软”智慧。

什么是“软”智慧？著名未来学家约翰·奈斯比特（John Naisbitt）认为，在知识型社会中，每一个人都应学会四种技能，即如何学习、如何思考、如何创造、如何沟通。

举一个例子，同时取得相同专业资格的两位电器师傅，师傅甲懂得学习的方法，可以在快速变化的市场上更快掌握新产品的知识；他的沟通、社交及表达能力较好，有利于接到更多生意；他较有创意，可以更快、更顺畅地解决难题；他懂得思考，可以从更高的角度审视自身所处的环境，可以更加明确自己的目标，发现更多的机会。所以，他的成就必定比师傅乙高。

“硬”知识和“软”智慧的区别在于：“硬”知识会很快落伍，被新知识所取代，“软”智慧是终身受用的；“硬”知识需要很长时间才能被掌握，“软”智慧可以在很短的时间内被掌握，但是如果某些人想不通、看不见，则一生都不开窍；“硬”知识通常是在学校里按课程进度学习，“软”智慧则在生活和学习中俯拾皆是；“硬”知识容易量度、评估，“软”智慧则较难准确评估，可能要经过一段时间才可以看到效果。

世界上大部分成功人士都有一个共同点，就是具有卓越的“软”智慧。

教育改革是一场世界性的生存竞赛，几乎所有先进国家都在改革，“终身教育”并非乌托邦式理想主义的口号，而是为应对千变万化的知识型社会作出的必然选择。转向学习型社会是社会生存的出路，除此之外，别无他法。

梁志援兄撰写的这套《少年思维训练丛书》，正是迎合世界教育浪潮而编撰的“软”智慧丛书，主题有“时间管理”“解决问题”“订立目标”“多角度思维”“金钱管理”“成功习惯”“独立思考”“规划人生”等，完全符合知识型社会对培养通识通才的需要。丛书的内容言简意赅，没有冗长沉闷的说教，用练习的形式让学生即做、即知，有即时的满足感，按部就班、有系统地学习很多人终其一生可能都领悟不到的“软”智慧。

很荣幸成为这套丛书的顾问，推动学习型社会是本人及我所在的圣雅各福群会多年来的梦想和信念，现在可以和志援兄共同向这个梦想进发，实在是一件令人兴奋的事。

我真诚地向教育界同仁、家长及立志终身学习的朋友推荐这套丛书。

刘远章

《少年思维训练丛书》顾问

圣雅各福群会延续教育中心经理

《少年思维训练》丛书的特色和用法

Q：《少年思维训练》丛书是根据什么学习理论设计的?
A：这套丛书是根据当代各领域顶级大师的智慧而设计，并将他们的思维模式（Thinking Model）转化成有趣的故事、活动、练习及评估来学习。此外，我们更应用了各类心理学技巧，如NLP身心语言程序学及自我暗示等，来提升孩子的领悟力。这套丛书每册有十六课，每课约需20～30分钟完成。

Q：《少年思维训练》丛书适用的读者群如何？成人也适用吗?
A：这套丛书的目标对象为小学高年级及中学生（大约九岁至十五岁）。对于年纪较小的孩子，父母可多加解释，并应该根据孩子的程度选取较为简易的部分作为教材。其实这套丛书也适合成人，只是青少年处于知识增长阶段，对于事物的接受能力较强，因此思维训练的效果较佳。

Q：家长如何使用这套书?
A：这套丛书是一系列完整的自学课程，父母可和子女在温馨的环境下共同学习。若家长能先看内容，自己也做一遍练习，效果会更佳。父母作为孩子的生命教练，我们期望家长能身体力行来作孩子的榜样，并通过自己的生活体验与孩子一起讨论答案及分享心得。

Q：学校老师如何使用这套书?
A：老师应先看课程的内容，自己先做一遍练习，直至完全理解课程的重点为止。在学生进行练习前，老师可先为他们作简单的说明；而与学生核对答案时，老师亦可选择部分题目与大家一起讨论和分享自己的体验，借此加深学生的理解及增加互动。

Q：家长或老师可否修改本书所提供的参考答案?
A：可以。由于思维的多样化，每个人对同一个问题的思考，所得的答案绝不会是完全一样的。因此，我们在这里所提供的答案只是一个参考，只是为了学习思维课程而运用的，绝不是一个统一的标准答案。

Q：需要每个练习都做吗？如果无法每个练习都做，如何选择精华来练习?
A：这套丛书的设计就像建筑一幢大厦，由基础开始而逐渐引导孩子彻底认识整个主题。因此，我们希望孩子能按顺序地完成所有练习。如果无法每个练习都做，我们希望孩子至少能阅读每课前的主题介绍及课程末的学习重点。

Q：做过这些练习后，孩子就能在行为及信念上有所改变吗？如果有一定的影响，要如何持续这种影响，使它成为孩子一生的“装备”？
A：任何思维上的改变都要经过认识、领悟和实践等阶段。若孩子能够预见及确信改变将会带给他们美好的结果，他们便能够拥有动力来改变他们的行为。但是，思维训练最大的价值在于，让这些智慧及知识成为孩子内心的信念，并通过不断实践成为一生的良好习惯。

自序

如果不懂解决问题，没有一个人能成功！

解决问题是青少年日常生活必然遇到的情况，例如处理和同学的纠纷、成绩不好、考试压力及家人的纷争等。

所谓“解决问题”，就是消除现状和期望的差距。此外，解决问题也是当今优秀人才最重要的能力。如果不懂得解决问题，就没有一个人能成功。

没有哪一个人可以没有问题，也没有哪一个人能够解决所有问题。面对问题，虽然孩子不是生来就能解决，但是当他们正面地面对时，“问题”便能提升他们的能力，正如带领中国国家足球队打进世界杯决赛的教练米卢所说——态度决定一切。

事实上，解决问题的能力就如绘画及烹饪等技巧一样，也能通过体验及练习来学会。美国学者 Parnes 所提出的“创意解难”（Creative Problem Solving, CPS）的解难模式，是一个可以有系统有步骤地解决问题的方案，并且容易被青少年掌握。

★根据这个模式，解决问题可以被分为6个步骤：

1.发现困惑：思索目前的情况或有可能遇到的问题。

2.寻找资料：搜集最多及详尽的资料，并有条理地研究及分析。

3.确定问题：从不同角度及方法去分析问题的真正原因，并且鉴别和确定其重要性。

4.产生构想：列举大量及不同类，以及独特的构想和解决方法。

5.选择方案：筛选解决方案的准则来作为标准，并借此来评估方案。

6.执行方案：计划好该做的事，列明所需要的行动、相关的进度表，所需要的资源及谁将做什么等。

这本书的目的就是将上述的解难模式转化成有趣的故事、问题和练习，并通过教练技术及各种心理技巧，来使青少年从积极参与中获得智慧和领悟。下次当你的子女遇到问题时，不妨根据上述的模式来找寻有效的解决方法。

目录 CONTENTS

第1课

什么是问题？

在日常生活中，我们常常会遇到问题，一个问题如果很困难，就是个大问题；如果它只是有一点困难，就是一个小问题。因此，当说到“有什么问题？”时，即是指一些麻烦或难辨的事情。困难和问题同属一个概念，没有困难，也就没有问题了。

一 谁敞开了窗帘？

美国华盛顿有一幢商业大厦，因日久失修，墙上出现了裂痕。为了保护好这幢大厦，专家们进行了专门的研究。

最初大家认为损害建筑物表面的元凶是侵蚀性的酸雨。专家们进一步研究，却发现对墙面侵蚀最直接的原因，是每天冲洗墙壁的清洁剂的酸蚀作用。

为什么每天要冲洗墙壁呢？是因为墙上每天都有大量鸟粪。

为什么会有那么多鸟粪呢？因为大厦周围聚集了许多燕子。

为什么会有那么多燕子呢？是因为墙上有许多燕子爱吃的蜘蛛。

为什么会有那么多蜘蛛呢？是因为大厦四周有蜘蛛爱吃的飞虫。

为什么会有那么多飞虫呢？因为飞虫在这里繁殖得特别快。

为什么飞虫在这里繁殖特别快？因为这里的尘埃最适宜飞虫繁殖。

为什么这最适宜飞虫繁殖？因为大厦敞开窗帘，阳光充足，大量飞虫聚集在此。

由此发现，解决问题的办法原来很简单，只要拉上整幢大厦的窗帘就行了。之前专家们设计的一套复杂而详尽的维修方案，也就成了一纸空文。

（1）最初大家认为损害建筑物表面的元凶是什么？请在正确答案前的□加上√号。

□ a. 阳光
□ b. 飞虫
□ c. 酸雨
□ d. 沙尘

（2）专家发现损害建筑物的真正元凶是什么？请在正确答案前的□加上√号。

□ a. 沙尘
□ b. 鸟粪
□ c. 蜘蛛
□ d. 含有酸蚀作用的清洁剂

（3）为何要每天清洗墙壁？请在正确答案前的□加上√号。

□ a. 墙上有大量广告
□ b. 墙上有大量鸟粪
□ c. 墙上有大量飞虫
□ d. 墙上有大量污尘

（4）为何有那么多燕子？请在正确答案前的□加上√号。

□ a. 墙上有很多燕子爱吃的飞虫
□ b. 墙上有很多燕子爱吃的蜘蛛
□ c. 墙上有很多燕子爱吃的蚂蚁
□ d. 墙上有很多燕子爱吃的绿草

（5）为何会有那么多飞虫？请在正确答案前的□加上√号。

□ a. 因为飞虫在这里繁殖特别快
□ b. 因为飞虫在这里没有敌人
□ c. 因为飞虫在这里有大量食物
□ d. 因为飞虫在这里有大量朋友

（6）为何这里适合飞虫繁殖？请在正确答案前的□加上√号。

□ a. 因为空气流通
□ b. 因为地方广阔
□ c. 因为阳光充足
□ d. 因为食物丰富

（7）解决墙上出现裂痕的方法是什么？请在正确答案前的□加上√号。

□ a. 关上整幢大厦的电源
□ b. 关上整幢大厦的水喉
□ c. 关上整幢大厦的门窗
□ d. 关上整幢大厦的窗帘

（8）对于这个故事，你有什么领悟？请在正确答案前的□加上√号。（可选择多个答案）

□ a. 知道问题的根源

☐ b. 解决问题可以很简单
☐ c. 解决问题要先搜集资料
☐ d. 对问题深入研究
☐ e. 请教专家
☐ f. 微小的问题可以发展成大问题
☐ g. 不要自行解决问题
☐ h. 解决问题一定需要专家
☐ i. 问题要尽快处理，不需要理会后果

二 什么是问题？

●请仔细思考，并在正确答案前的☐加上√号。（可选择多个答案）

☐ a. 难解之题
☐ b. 令人困惑之事
☐ c. 未能预测到的事情
☐ d. 不懂的事情
☐ e. 意见分歧的事情
☐ f. 妨碍事情发展的事情
☐ g. 未能解决的事
☐ h. 自己能完成的事
☐ i. 不需理会的事
☐ j. 令人高兴的事

三 我的问题

●没有哪一个人是没有问题的，现在就请将自己所遇到的问题写在下面横线上。

例子：

我得罪了一位好同学，但不知如何向他／她道歉。
我的朋友误解了我的话，我的心中烦躁不安。
爸爸不准我上网聊天，我总觉得和朋友有很大的距离。
我被同学取笑喜欢同班的男／女同学，我觉得自己受委屈。

当你能面对及写下自己的问题，你便能加添勇气及能力去解决。

四 问题的基本定义

当你感觉到问题出现时，亦即发现自己的目标与现状有差距。例如，当你生病时，你的现状便是身体不适，而你的目标当然是恢复健康了。

因此，“问题”即是那两方面的差距。

●请在下列正确答案前的□加上√号。（请从左、右部分各选一个答案）

左方：□ a. 过去
□ b. 差劣
□ c. 坏处
□ d. 目标

右方：□ a. 将来
□ b. 优良
□ c. 好处
□ d. 现状

第1课　学习重点

- 问题即是困难。
- 没有人是没有问题的。
- 问题总有方法解决。
- 问题即是自己的“目标”与“现状”的差距。

第2课

解决问题的基本步骤

解决问题是我们日常生活必然遇到的情况。因此，解决问题是我们必须拥有的能力。下列例子显示解决问题的5个基本步骤，请详细阅读及了解每一步应做的事情。

例子：

第一步：问题是什么	例：对读书和阅读欠缺兴趣		
第二步：问题的成因	例：欠缺习惯，找不到读书的乐趣，以及领略不到学习的成功感		
第三步：解决方法	方法一：例：培养阅读的习惯		
	方法二：例：阅读自己喜爱和感兴趣的书		
	方法三：例：订立一个明确的目标去阅读		
	方法四：例：学习阅读的技巧		
	方法五：例：多听一些不同的人对阅读的心得		
	方法六：例：提高对自己的要求		
第四步：方法的评估	方法一	好处—— 习惯能够一生受用	坏处—— 需要时间，要有很大的决心和恒心
	方法二	好处—— 能增加对阅读的兴趣	坏处—— 阅读的范围较窄
	方法三	好处—— 能清楚方向和目标	坏处—— 可能需要较大的决心以及别人的指导
	方法四	好处—— 能提高阅读的效率和成效	坏处—— 需要别人的指导，但不一定受用
	方法五	好处—— 能吸取别人的经验	坏处—— 需要别人的协助，但不一定受用和能理解
	方法六	好处—— 能要求自己做好些	坏处—— 要有较大的决心
第五步：我的决定	学习阅读的技巧，因为能提高阅读的效率和成效，从而得到较大的成就感及增加对阅读的兴趣		

练习

●你希望能够参加学校的社团活动，可是父母不赞成，他们认为那会浪费时间、影响学业，你要如何解决及面对？

学习指引：请参考上述例子的解决问题步骤来解决〈练习一〉的难题。

<table>
<tr><td>第一步：
问题是什么</td><td colspan="3"></td></tr>
<tr><td>第二步：
问题的成因</td><td colspan="3"></td></tr>
<tr><td rowspan="6">第三步：
解决方法</td><td colspan="3">方法一：</td></tr>
<tr><td colspan="3">方法二：</td></tr>
<tr><td colspan="3">方法三：</td></tr>
<tr><td colspan="3">方法四：</td></tr>
<tr><td colspan="3">方法五：</td></tr>
<tr><td colspan="3">方法六：</td></tr>
<tr><td rowspan="6">第四步：
方法的评审</td><td>方法一</td><td>好处 ——</td><td>坏处 ——</td></tr>
<tr><td>方法二</td><td>好处 ——</td><td>坏处 ——</td></tr>
<tr><td>方法三</td><td>好处 ——</td><td>坏处 ——</td></tr>
<tr><td>方法四</td><td>好处 ——</td><td>坏处 ——</td></tr>
<tr><td>方法五</td><td>好处 ——</td><td>坏处 ——</td></tr>
<tr><td>方法六</td><td>好处 ——</td><td>坏处 ——</td></tr>
<tr><td>第五步：
我的决定</td><td colspan="3"></td></tr>
</table>

第2课　学习重点

- 解决问题是日常生活必然遇到的情况
- 解决问题的5个基本步骤：

1. 问题是什么
2. 问题的成因
3. 找寻解决方法
4. 方法的评估
5. 我的决定

第3课

创意解难步骤(1-1)：发现困惑

“创意解难”(Creative Problem Solving)是由美国学者Parnes所提出一个有效的解决困难模式，它的特点是将解决困难分为6个步骤：1. 发现困惑，2. 寻找资料，3. 确定问题，4. 产生构思，5. 选择方案，6. 执行方案。而且我们都能容易地运用在生活当中。

发现困惑 (Mess Finding)

发现困惑即是根据自己过往的经验及个人的关注作为考虑因素，去思索目前的情况及有可能遇到的众多问题，就好比当我们感到身体不适时，先去发现自己的症状、征兆及估计往后的病情等。

例如：欠缺自信 / 体重不断增加 / 学业成绩退步。

一 练习(1)：自我评估

●填上适当的评分在横线上（1～5，1代表非常不满意，5代表非常满意），你可以与家人或同学互相讨论或评估，借此发现更多可供改善的地方。

外表

头发	________	体重	________
衣着	________	其他(　　　)	________

美德

爱心	________	勤劳	________
体谅	________	慷慨	________
乐观	________	谦虚	________
信心	________	宽恕	________
其他(　　　)	________		

技巧

理财	________	学习	________
创意	________	其他(　　　)	________

健康

睡眠	________	运动	________
饮食	________	休息	________
其他(　　　)	________		

人际

家人	________	朋友	________
亲戚	________	同学	________
其他(　　　)	________		

●哪一方面我要“立即”改善？

（例:我要立即减肥，因为我已是一个超级胖子，并且严重影响健康。）

____

____

____

请立即行动，因为拖延只会让问题更严重。

●**哪一方面我最想改善?**

(例:宽恕别人的能力,因为这缺点时常让自己不开心。)

你是自己生命的主人!若你愿意改善,你必能够做到。

二 练习(2):需要改善的地方

●**请细心检视自己的居所或学校,详细找寻需要改善的地方,并列明其原因。**

此练习的目的是要帮助同学明白任何事情都可以有进步的空间,并借此建立正面的思考来解决问题(代替凡事责备的习惯)。

例如:

需要改善的地方	原因
门	关门时发出吱吱声
壁纸	开始剥落
花园地砖	积满污垢
床铺	太窄
冷气	冷气欠佳

●**哪方面最急需改善?**

（例:纱网，因为“登革热”开始蔓延。）

●为何这个问题会发展成紧急呢？是否有延误？

●哪方面我最想改善？

（例:更换新计算机，因为时常死机。）

●试想想，你是否有足够的资源来作出改善——时间、才能、金钱等？

第3课　学习重点

- 创意解难（Creative Problem Solving）有6个步骤：
  (1) 发现困惑　(2) 寻找资料　(3) 确定问题
  (4) 产生构想　(5) 选择方案　(6) 执行方案
- 发现困惑（Mess Finding）：
  —— 去思索目前的情况及可能遇到的更多问题。
  —— 要时常留意自己或身边可改善的地方。

第4课

创意解难步骤(1-2)：发现困惑练习

发现困惑是创意解难的第一个步骤，就是去思索目前的情况及有可能遇到的问题。

一 练习(1)：不公平

●我们的父母、老师及朋友等常希望我们完成某一些任务及达到一些目标。当我们与他们的期望不一致时，问题便会发生，而我们也会觉得很不公平。请根据下列情况，选择相关的评分（1代表最不公平，7代表最公平），你也可随意加入其他个人的特殊情况，并且作出评分。

其他人的期望	公平程度 不公平						公平
例子：每科成绩在80分或以上	①	2	3	4	5	6	7
每天准时到校上课	1	②	3	4	5	6	7
每天写日记一篇	1	2	3	4	5	6	⑦
准时交作业	1	2	3	4	5	6	7
每天要收拾自己的东西	1	2	3	4	5	6	7
____________	1	2	3	4	5	6	7
____________	1	2	3	4	5	6	7
____________	1	2	3	4	5	6	7
____________	1	2	3	4	5	6	7
____________	1	2	3	4	5	6	7
____________	1	2	3	4	5	6	7

●请列举那些是最不公平的地方，并说明其原因（那些分数在4以下的项目）。

____

____

____

希望你能够与父母或老师彼此了解对方的感受、观点及价值观 。（对事物重要性的评价）

> 学习指引：那些分数越低的项目，即表示可能发生的问题越严重，请多与老师或父母面谈，因为直接沟通能避免将来可能发生的问题。此项练习的目的是让你明白，不同的观点常是导致问题发生的常见根源。

二 练习(2)：21世纪的挑战

●我们身处变化快速的21世纪，社会上充满着无数有待解决的严重问题。请根据下列的分类，并在正确的答案前加上√号，这个练习的目的是希望你们多关心社会的事情。（每题可能有多个答案）

（1）经济

□ a. 财政赤字　　□ b. 儿童的英语水平下降

□ c. 人口老化　　□ d. 消费者的消费力下降

（2）环境

□ a. 山坡地滥垦　　□ b. 空气污染

□ c. 老人自杀严重　　□ d. 种族歧视

（3）劳工

□ a. 基层劳工需求下降　　□ b. 高失业率

□ c. 阅读风气不佳　　□ d. 诈骗案层出不穷

（4）教育

□ a. 教育经费删减　　□ b. 教师工作量增加

□ c. 垃圾分类不彻底　　□ d. 离婚率攀升

（5）能源

□ a. 能源短缺　　□ b. 油价高

□ c. 计算机病毒传播　　□ d. 出生率下降

（6）交通

□ a. 交通费偏高　　□ b. 交通拥挤

□ c. 盗版光盘严重　　□ d. 学生考试压力增加

（7）居住

□ a. 居住面积狭小　　□ b. 房价偏高

□ c. 家庭暴力增加　　□ d. 忧郁症普遍

(8) 福利

□ a. 低收入家庭增加
□ b. 社会福利经费删减
□ c. 严重水灾
□ d. 全球气温上升

(9) 宗教

□ a. 宗教狂热及恐怖主义
□ b. 欠缺宗教自由
□ c. 犯罪率攀升
□ d. 贫富悬殊

(10) 人际

□ a. 人际关系疏远
□ b. 欠缺互相关怀
□ c. 平均工资下跌
□ d. 高失业率

(11) 社会

□ a. 赌博风气流行
□ b. 市民不善理财
□ c. 水源污染
□ d. 温室效应

(12) 人口

□ a. 人口老化
□ b. 出生率持续下降
□ c. 火车班次失误
□ d. 破产人数上升

没有人可以像孤岛一样独善自身，因为所有的人都属于地球村的一部分。

第4课　学习重点

- 要了解其他人的感受、观点和价值观，来发现彼此的分歧。
- 变化快速的21世纪充满问题。

第5课

创意解难步骤(2-1)：寻找资料

寻找资料（Data Searching）

在这一阶段，你应该尽可能搜集更多、更详尽的资料，并有条理地审查、研究及分析这些资料，从中获得有价值的启示和线索。就好比医生在初次会见病人时，便会先详细地研究及询问疾病的症状、病人的生活习惯、饮食情况及病历等，借此找到疾病的原因及解决的方法。

一 练习(1)：我的报道

●若你是一名电视台的特派记者，现正在报道一宗严重交通意外，你需要寻找什么资料？

◇提示：请善用5W1H方法来准确地描述这次意外。（何人Who、何地Where、何时When、什么What、为什么Why、如何How）

（1）这次意外涉及哪些人？

☐ a. 何人 Who　　☐ b. 何地 Where
☐ c. 何时 When　　☐ d. 什么 What
☐ e. 为什么 Why　　☐ f. 如何 How

（2）这次意外有哪些人伤亡？

☐ a. 何人 Who　　☐ b. 何地 Where
☐ c. 何时 When　　☐ d. 什么 What
☐ e. 为什么 Why　　☐ f. 如何 How

（3）意外在何处发生？

☐ a. 何人 Who　　☐ b. 何地 Where
☐ c. 何时 When　　☐ d. 什么 What
☐ e. 为什么 Why　　☐ f. 如何 How

（4）这次事件有什么特别地方？

☐ a. 何人 Who　　☐ b. 何地 Where
☐ c. 何时 When　　☐ d. 什么 What
☐ e. 为什么 Why　　☐ f. 如何 How

（5）意外何时发生？

☐ a. 何人 Who　　☐ b. 何地 Where
☐ c. 何时 When　　☐ d. 什么 What
☐ e. 为什么 Why　　☐ f. 如何 How

（6）为什么会发生这次意外？

☐ a. 何人 Who ☐ b. 何地 Where
☐ c. 何时 When ☐ d. 什么 What
☐ e. 为什么 Why ☐ f. 如何 How

（7）如何能避免这次意外？

☐ a. 何人 Who ☐ b. 何地 Where
☐ c. 何时 When ☐ d. 什么 What
☐ e. 为什么 Why ☐ f. 如何 How

（8）伤者的年龄分布？

☐ a. 何人 Who ☐ b. 何地 Where
☐ c. 何时 When ☐ d. 什么 What
☐ e. 为什么 Why ☐ f. 如何 How

（9）上次同类意外在何时发生？

☐ a. 何人 Who ☐ b. 何地 Where
☐ c. 何时 When ☐ d. 什么 What
☐ e. 为什么 Why ☐ f. 如何 How

（10）意外现场有什么特点？

☐ a. 何人 Who ☐ b. 何地 Where
☐ c. 何时 When ☐ d. 什么 What
☐ e. 为什么 Why ☐ f. 如何 How

（11）在什么情况下会发生这次意外？

☐ a. 何人 Who ☐ b. 何地 Where
☐ c. 何时 When ☐ d. 什么 What
☐ e. 为什么 Why ☐ f. 如何 How

（12）有哪些人应该负责？

☐ a. 何人 Who ☐ b. 何地 Where
☐ c. 何时 When ☐ d. 什么 What
☐ e. 为什么 Why ☐ f. 如何 How

（13）为何有那么多人受伤？

☐ a. 何人 Who　☐ b. 何地 Where
☐ c. 何时 When　☐ d. 什么 What
☐ e. 为什么 Why　☐ f. 如何 How

（14）如何让救护人员尽快到达？

☐ a. 何人 Who　☐ b. 何地 Where
☐ c. 何时 When　☐ d. 什么 What
☐ e. 为什么 Why　☐ f. 如何 How

二 练习(2)：课程评估

●**试为一次学校举办的课外活动向同学搜集课后评估，并设计评估的问题，请点选这些评估的问题设计是否适当。**

●**活动名称:2005年度领袖训练营**

（1）活动的深浅难度

☐ 适当　☐ 不适当

（2）提供多种语言版本的笔记

☐ 适当　☐ 不适当

（3）导师的课前准备

☐ 适当　☐ 不适当

（4）导师表达方式

☐ 适当　☐ 不适当

（5）导师的发型

☐ 适当　☐ 不适当

（6）导师能否回答同学的问题

☐ 适当　☐ 不适当

（7）导师与参加者的交流

☐ 适当　　☐ 不适当

（8）导师是否英俊 / 美丽

☐ 适当　　☐ 不适当

（9）课程内容的时间分配

☐ 适当　　☐ 不适当

（10）提供五星级酒店服务

☐ 适当　　☐ 不适当

（11）讲义是否适合

☐ 适当　　☐ 不适当

（12）习作是否适合

☐ 适当　　☐ 不适当

（13）提供节拍强劲的音乐

☐ 适当　　☐ 不适当

（14）教材的运用

☐ 适当　　☐ 不适当

（15）活动的趣味性

☐ 适当　　☐ 不适当

（16）活动的刺激性

☐ 适当　　☐ 不适当

（17）课程内容的编排

☐ 适当　　☐ 不适当

（18）提供丰富的美食

☐ 适当　　☐ 不适当

（19）场地环境

☐ 适当　　☐ 不适当

第5课　学习重点

- 寻找资料（Data Searching）：
  —— 搜集详尽的资料来研究和分析。
  —— 利用5W1H方法来挖掘详尽的资料。

第6课

创意解难步骤(2-2)：寻找资料练习

寻找资料是创意解难的第二个步骤，旨在搜集最详尽的资料，并从中获得有价值的启示和线索来解决困难。

一 练习(1)：寻人启事

●你想寻找一位已失去联络的好朋友（如图），请仔细描述他的外貌特征，以便你的同学能帮助你。

●请详细留意你朋友的容貌，并请在正确答案前的□加上√号。

（1）性别

□a. 男　　□b. 女

（2）头发

□a. 长卷发　　□b. 短直发

□c. 长直发　　□d. 短卷发

（3）面型

□a. 圆　　□b. 方

□c. 长而尖　　□d. 椭圆

（4）眉毛

□a. 短、粗　　□b. 短、细

□c. 长、粗　　□d. 长、细

（5）耳朵

□a. 小、不对称　　□b. 小、对称

□c. 大、对称　　□d. 大、不对称

（6）嘴巴

□a. 大、对称　　□b. 大、不对称

□c. 小、对称　　□d. 小、不对称

（7）牙齿

□a. 不整齐、浅色　　□b. 整齐、浅色

□c. 不整齐、深色　　□d. 整齐、深色

(8) 眼睛

☐ a. 方、黑色　☐ b. 方、灰色
☐ c. 圆、灰色　☐ d. 圆、黑色

(9) 年龄

☐ a. 0～15岁　☐ b. 15～35岁
☐ c. 36～55岁　☐ d. 56～75岁

(10) 鼻

☐ a. 大、挺　☐ b. 小、挺
☐ c. 大、扁　☐ d. 小、扁

(11) 其他

☐ a. 右眼角有一黑痣　☐ b. 下巴有一黑痣
☐ c. 鼻梁有一黑痣　☐ d. 左眼角有一黑痣

二 练习(2)：课余休闲活动调查

● **你要帮老师调查同学课余时间的休闲活动，下列是一些活动名称，请在“较为普遍”的活动前加上√号。**

◇**提示：根据一般调查的惯例，一些较为罕见的活动，我们可以把它归类为“其他活动”，而较为普通的活动可列为独立的选项。**

☐ 看电影	☐ 游泳	☐ 登山	☐ 跑步
☐ 看课外书	☐ 远足	☐ 玩计算机游戏	☐ 玩乐器
☐ 冲浪	☐ 音乐会	☐ 上网聊天	☐ 宗教活动
☐ 图书馆	☐ 雕刻	☐ 骑马	☐ 欣赏歌剧
☐ 社团活动	☐ 击剑	☐ 划船	☐ 骑自行车
☐ 跳舞	☐ 球类活动	☐ 看电视	☐ 上网
☐ 绘画	☐ 旅行	☐ 露营	☐ 唱歌

第6课 学习重点

- 适当地运用各类报表来搜集资料。

第7课

创意解难步骤(3-1)：确定问题

确定问题 (Problem Confirmation)
完成了解决问题的第二步骤之后，你应该拥有了关于问题的详细资料。尽管如此，你可能仍然不知道你面对何种问题，或者同一问题可能有不同的解释。此时，我们便应该从不同的角度及方法去分析问题的真正原因，并且鉴别和确定其重要性，就好比医生在知道病人头痛的病征及详细的病况资料后，便去找寻及确定引致头痛的原因。

一 故事分享(1)：谁发现了问题？

丘吉尔担任英国首相时，美国驻英大使有一次送他一缸金鱼。他十分钟爱这缸金鱼，可是，妻子所养的那只猫从此以后每天都在旁边虎视眈眈，看样子随时都有可能扑上前来饱餐一顿。

有一天，他在喂金鱼时，发现有条鱼因吃不到饲料而拼命冲向水面，在旁边的猫立刻蓄势待发，似乎有所动作。

"再喂多些饲料吧！"妻子说："你瞧！这条鱼还没吃到饲料呢！"

丘吉尔摇摇头说："我们应先解决猫的问题，不然喂了鱼也未必能保住它们的性命。"

"是不是要把猫赶走？"妻子问。

"不！应先把猫喂饱。"丘吉尔不徐不疾地说。

●在这个故事中，你从丘吉尔身上学到了什么？请在正确答案前的□加上√号。

□ a. 先把猫喂饱

□ b. 发现问题的根源就能解决问题

□ c. 不要养鱼

□ d. 教导妻子养鱼

二 故事分享(2)：你有什么问题？

病　　人：医生，我想太太有一件貂皮大衣和一条钻石项链。我希望住双层公寓。我希望有一艘游艇、一栋避暑别墅。我也希望有一部奔驰轿车，还有司机接送。

心理医生：那，请问你有什么问题？

病　　人：什么问题？医生，我每月的工资只有三百元呀！

●在这个故事中，你有什么领悟？请在正确答案前的□加上√号。

□a. 不要看心理医生，要找朋友倾诉

□b. 购买昂贵的物品来享受

☐c. 当赚的钱不够生活时，请检讨生活方式是否有问题

☐d. 要储蓄金钱

三 故事分享(3)：神奇的工程师

某工厂委托一位工程师维修机器，他只是用木锤轻敲活塞一下，便完成了修理，而修理费竟高达美金1 000元。

当被询问为何费用如此昂贵时，他回答说在：

“人工收费1美元，知道哪里要用木锤轻敲，收费999美元！”

● 在这个故事中，你有什么领悟？请在正确答案前的☐加上√号。

☐ a. 要自行修理机器

☐ b. 购买新机器

☐ c. 要爱护机器

☐ d. 发现问题是解决问题中最有价值的

四 故事分享(4)：肚子痛的原因

小强吃了过期的蛋糕，结果肚痛腹泻，去看医生，医生给他吃了止泻药。

过了几天，他又因吃了变坏的生果而不停呕吐，于是又去看医生，医生给他吃了止呕的药。

没几天，他又吃了不新鲜的海鲜而再次腹泻和呕吐。这次医生开了另一种药给他。

小强：这是什么？

医生：这是治疗眼睛的药。

小强：我腹泻，为什么给我眼药？

医生：你的问题不在肚子，而是你的眼睛有问题。

● 在这个故事中，你有什么领悟？请在正确答案前的☐加上√号。

☐ a. 不要胡乱吃东西

☐ b. 有病要看医生

☐ c. 要对症下药
☐ d. 要转换医生

五 你看到了什么？

●事情的看法不是只有一个，试试用不同的观点去看下面的图像，并将答案写在图片右面的横线上。

____

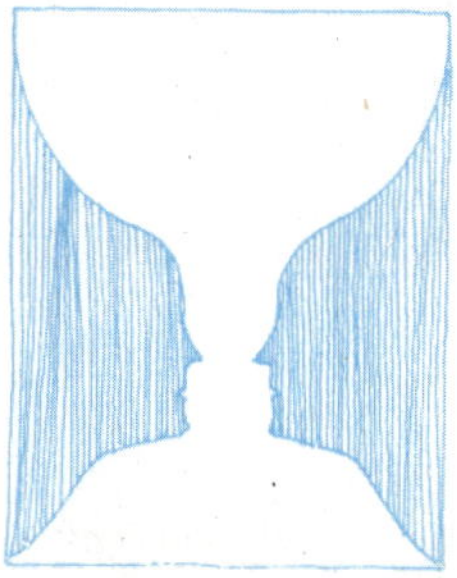

____

____

第7课 学习重点

✽ 确定问题（Problem Confirmation）：
—— 从不同的角度及用不同的方法去分析问题的真正原因。
—— 发现问题的根源，就能解决问题。

第8课

创意解难步骤(3-2)：确定问题练习

确定问题是创意解难的第三个步骤，就是从不同的角度及方法去分析问题的真正原因。

一 练习(1)：哪里出错

●弟弟发现用洗衣机洗过的校服仍然很肮脏，请你找出真正的原因。

◇提示：请用下列的鱼骨图寻找出错的原因。

鱼骨图形（Fish-Bone Technique）为日本石川馨教授所提出的一种分析“结果”与“原因”极方便而有效的方法，其特性为能一目了然地表示出结果与原因之相互关系，又因其形状很像鱼骨，故又称“鱼骨图”。

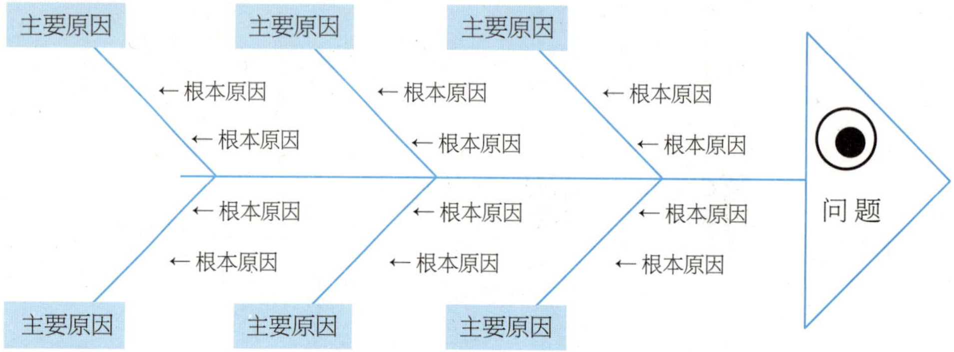

●先选择右边箭头上需要解决的问题，然后再根据在各方格内的主要原因来寻找其根本原因。并在正确答案前的□加上√号。

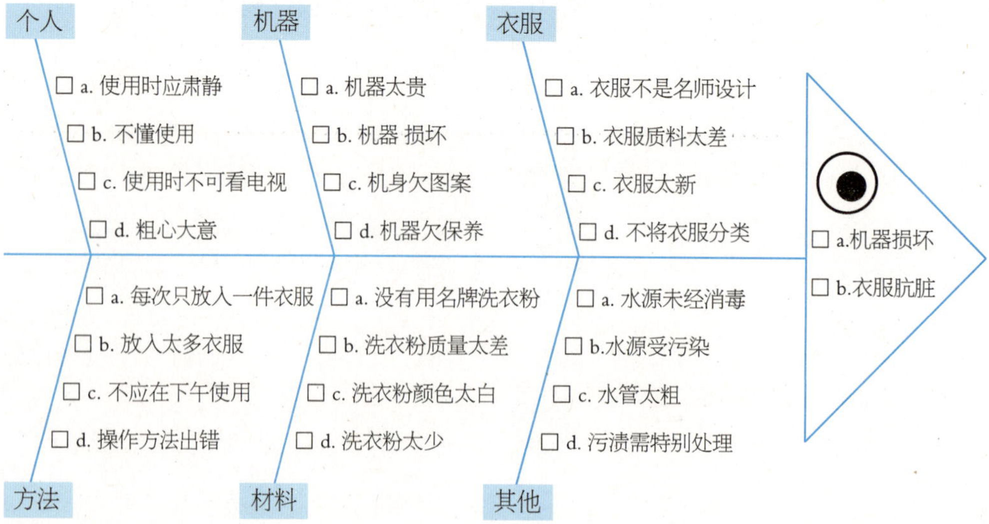

二 练习(2)：弟弟被欺负

●你的弟弟投诉在学校被其他同学欺负，所以决定学习跆拳道来自卫，因为他认为只有学会功夫才能抵抗其他人的侵犯。此外，他也诉说，只有学业成绩优良的学生才会受到欺负，而你的弟弟被列为成绩优良。

●试根据下列已知的事情及问题清单来推断事情背后的原因。

原因分析

问题陈述	弟弟在学校被其他同学欺负
已知事实	★只有成绩优良的学生才被欺负 ★当没有老师在场时才会发生 ★当弟弟和他的朋友在一起时，便不会发生这种事情 ★欺负最初只是由取笑开始，只有在弟弟失去耐心才开始暴力打斗

●请根据上述的资料推断弟弟被欺负的可能原因：

第8课 学习重点

- 鱼骨图（Fish-Bone Technique）是一种有效分析“结果”“原因”的方法。
- 利用“原因分析表”来寻找原因。

第9课

创意解难步骤(4-1)：产生构想

产生构想 (Idea Generation)
当你完成解决问题的步骤(3)后，你应该知道问题的真正原因。
一般来说，任何问题都有几个解决方法。因此，我们应尽量列举大量不同类和独特的构想与解决方法，并在众多的构想中选出一个最好的解决问题的方法。就好比医生在确定病人引致头痛的原因后，便去寻找各种根治的方法。

注意事项：由于这个阶段的重点是产生众多的构想，所以我们可随意修改和组合任何构想。

一 练习(1)：如何让爸爸戒烟

爸爸每次在家中吞云吐雾时，不但让我们的鼻子受不了，而且也损害全家人的健康。身为爱护爸爸的子女，你有什么办法呢？

●下列是一些我们的建议，请填写适当的评分在横线上（1～5，5代表非常有效，1代表完全无效）

子女规劝 ____________

去看心理医生 ____________

看医学报告了解吸烟的害处 ____________

贴海报提醒他戒烟 ____________

没收他的烟 ____________

请祖父或祖母责骂 ____________

用口香糖替代 ____________

讲解吸烟的危害 ____________

催眠使他改变 ____________

逐渐减少抽烟次数 ____________

想象空气清新的感觉 ____________

让他很忙碌，无闲抽烟 ____________

●现在请你提供更多的办法，并填写在下面的横线上。

____

____

____

____

____

____

解决问题永远有很多方法。

二 练习(2)：我的名字叫“吴美丽”

当吴美丽从中国大陆移民到香港后，她才发现自己名字的广东话意思是“不美丽”。因此，她的名字常成为同学及朋友的笑柄。身为她的好朋友，你要如何解决她的烦恼？

●下列是一些我们的建议，请填写适当的评分在横线上（1∽5，5代表非常有效，1代表完全无效）

改名 ______________

若无其事 ______________

与嘲笑她的人一起笑 ______________

只叫她的英文名字 ______________

只用普通话呼唤她的名字 ______________

装作听不懂 ______________

反嘲笑别人不懂 ______________

投诉给朋友的家长 ______________

●现在请你提供更多的办法，并填写在下面的横线上。

____

____

____

____

____

____

____

____

解决问题永远有很多方法。

第9课　学习重点

✽ 产生构想

——列举大量不同类和独特的构想以及解决方法。

第10课

创意解难步骤(4-2)：产生构想练习

产生构想是创意解难的第四个步骤，旨在找寻大量不同类和独特的解决方法，并在那众多的构想中选出一个最好的方法。

一 练习(1)：智东与他的爸爸

智东与他的朋友一起到便利店买东西。在途中，智东的朋友对他说："这次轮到你在那店内偷东西了。"

智东感到非常苦恼，因为他既不想成为小偷，也不想失去他的朋友。假若你是智东，你会如何解决这个问题？

●下列是一些我们的建议，请填写适当的评分在横线上（1～5，5代表非常有效，1代表完全无效）

我有钱可以买 ____________

鼓励朋友努力赚钱 ____________

说明偷窃的后果 ____________

故意拖延到下次 ____________

教导朋友，偷窃是不应该的 ____________

鼓励朋友不再偷窃 ____________

突然假装肚子痛 ____________

鼓励朋友多阅读表扬美德的书 ____________

●现在请你提供更多的办法，并填写在下面的横线上。

____

____

____

____

____

____

____

____

解决问题永远有很多方法。

二 练习(2)：救命！

你乘坐的豪华邮轮因为被恐怖分子破坏而就要沉没，试在邮轮内找一些可以救自己一命的东西（假设所有救生艇及救生衣等逃生工具已被破坏）。

◇提示：当然是找一些可以漂浮及宽大的东西。

● 下列是一些我们的建议，请填写适当的评分在横线上（1～5，5代表非常有效，1代表完全无效）

床板	______	沙发	______
木门	______	铁皮	______
铝门	______	篮球／足球／排球	______
床垫	______	气球	______
衣柜门	______	桌子	______
水床	______	冲浪板	______

● 现在请你提供更多的办法，并填写在下列的横线上。

____

____

____

____

____

____

____

____

____

解决问题永远有很多方法。

第10课 学习重点

- 要运用创意来产生各种不同或独特的解决方法。

第11课

创意解难步骤(5-1)：选择方案

选择方案 (Solution Selection)

当完成了解决问题的第四个步骤 ——“发现构想”后，你应该已拥有多种可能的解决方法，这些方法各有不同程度的优点和缺点。你必须首先构思一些筛选解决方案的准则，然后挑选一些合适的准则作为标准来评估，最后辨别出最有效的方法。就好比医生为病人在众多的解决方案中，先订立一些标准，例如安全性及可靠性等，然后来决定选取最有效的治病方案。

一 练习(1)：什么是我的评估准则

（1）选择学校时，正确的评估准则应该包括：（请在正确答案前的□加上√号）

□ a. 校长性别　　□ b. 交通
□ c. 教学方法　　□ d. 校舍
□ e. 不用做功课　　□ f. 老师要美丽／英俊
□ g. 师资　　□ h. 设备
□ i. 教学内容　　□ j. 口碑

（2）选择居住地方时，正确的评估准则应该包括：（请在正确答案前的□加上√号）

□ a. 装潢　　□ b. 地区
□ c. 面积　　□ d. 价格
□ e. 座向　　□ f. 屋龄
□ g. 交通　　□ h. 美观
□ i. 设施　　□ j. 用料

（3）选择朋友时，正确的评估准则应该包括：（请在正确答案前的□加上√号）

□ a. 富有　　□ b. 种族
□ c. 诚信　　□ d. 声调
□ e. 教养　　□ f. 共同兴趣
□ g. 身高　　□ h. 知名度
□ i. 性格　　□ j. 身材

（4）选择购买手提电话时，正确的评估准则应该包括：（请在正确答案前的□加上√号）

□ a. 价格　　□ b. 美观
□ c. 操作　　□ d. 功能
□ e. 保养　　□ f. 耐用性
□ g. 型号　　□ h. 体积
□ i. 耗电量　　□ j. 颜色

二 练习(2)：好与坏

每个决定或每种事情都有正反两面，请根据下列情况，试试找出其好处与坏处，并尝试用别人的观点来思考。（√代表好处；×代表坏处）

情况	好处/坏处	
学校旅行时下大雨	□ 使农作物生长 □ 天气凉快 □ 破坏旅行的气氛	□ 回家睡觉 □ 要带雨具 □ 不能做室外活动
个性独立	□ 不需依靠别人 □ 较难开口向人求助 □ 不令家人担心	□ 减少与人合作的机会 □ 可以自我照顾 □ 缺乏团队精神
成为富豪	□ 不需担心生活 □ 可以帮助穷人 □ 可环游世界	□ 子女较易争产 □ 成为绑架目标 □ 招人妒忌
网络大塞车	□ 不能寄电邮 □ 不能找资料 □ 不能玩网上游戏	□ 休息 □ 更多时间思考 □ 多些和家人或朋友沟通
遗失钱包	□ 学会小心保管财产 □ 可以买新钱包 □ 损失金钱	□ 口袋轻了很多 □ 要重新申请各种证件 □ 心情烦躁
因病请假	□ 检讨生活和饮食习惯 □ 要忍受疾病痛苦 □ 学会爱护身体	□ 不能上学或工作 □ 休息 □ 要花钱看医生
美丽的外表	□ 自信 □ 容易被人接受 □ 较难接受自己的年老	□ 容易被人赞美 □ 容易忽略内在的修养 □ 较容易变成骄傲

考试成绩不理想	□ 被父母责怪 □ 心情低落 □ 被别人看低	□ 有进步空间 □ 有自我检讨的机会 □ 发奋的动力
某项运动经常获得冠军	□ 威风八面 □ 增加自信心 □ 招人妒忌	□ 学会谦卑 □ 容易骄傲 □ 自视过高
宠物死亡	□ 了解死亡的意义 □ 节省时间陪伴宠物 □ 节省买饲料的金钱	□ 节省买饲料的金钱 □ 不能再与宠物玩 □ 少了一个朋友

第 11 课　学习重点

- 选择方案 (Solution Selection):

—— 拟定筛选解决方案的准则，然后挑选一些适合的准则作为标准来评估。

—— 任何决定都有好处和坏处。

第12课

创意解难步骤(5-2)：选择方案练习

选择解决方案是创意解难的第五个步骤，即是去挑选一些适合的准则作为标准来评估，然后挑选最有效的方案。

一 练习(1)：选择户外活动的地点

●在即将来临的星期天，你们一家人决定到户外走走，试根据下列的矩阵（Matrix）作出决定。

（1）给每个地点评分，5是最好（例 :交通费最便宜、交通时间最短、食物最美味），1是最差（例:交通费最昂贵、交通时间最长、食物最差）。
（2）计算各地点所获得的分数，并选出最高分者作为最终决定。

地点 / 考虑因素						
交通费	____	____	____	____	____	____
交通时间	____	____	____	____	____	____
食物	____	____	____	____	____	____
收费（例如：入场费）	____	____	____	____	____	____
购物	____	____	____	____	____	____
机动游戏	____	____	____	____	____	____
风景	____	____	____	____	____	____
趣味性	____	____	____	____	____	____
运动量	____	____	____	____	____	____
安全	____	____	____	____	____	____
天气	____	____	____	____	____	____
路况	____	____	____	____	____	____
总分（计算每个地点所获分数）	____	____	____	____	____	____

★地点请同学依据所在地的不同自行填写。

（3）我的选择是（选出最高分数的地点）________________

二 练习(2)：保持肃静

●你的同学在午饭时总是在高声谈论，身为班长的你决定改善这种情况。下列是一些方法，请先根据每个意见作出评估，然后选择最好的方案，并解释你选择这个方案的原因（评估标准，5是最好，1是最差）

方　法	评估	方　法	评估
1. 体罚	____	12. 午饭时一起看电影	____
2. 威吓	____	13. 和老师一起在教室吃午饭	____
3. 向老师投诉	____	14. 要求大家戴口罩	____
4. 录音再重播给他们听	____	15. 在声音大的同学嘴里塞上东西	____
5. 叫所有同学一起高声说话	____	16. 一起温习功课	____
6. 做好榜样	____	17. 练习诗歌朗诵	____
7. 向家长投诉	____	18. 通过摄像机遥控监察	____
8. 颁奖给乖学生	____	19. 成立纠察队	____
9. 录像并重播给他们看	____	20. 劝告	____
10. 设谈心时间	____	21. 记过	____
11. 播轻音乐	____	22. 比赛看谁声音最大	____

●我决定采用的方法是(请解释其原因)：

____

____

____

____

____

____

第12课　学习重点

- 利用矩阵（Matrix）可以有效的评估和选择合适的方法。

第13课

创意解难步骤(6-1)：执行方案

执行方案 (Implementing Solution)。

尽管找到了最好的解决方案，如果不能将它付诸行动，是永远不能解决问题的。因此，你需要计划好该做的事情，列明所需要采取的行动、相关的时间进度、所需要的资源及何人将做什么等。此外，问题愈重要或行动愈复杂，就愈需要更多及更详细的计划，就好比医生将为病人准备进行外科手术，就必须拟定人手、时间、药物及所需设备等。

学校正筹备举办一个盛大的圣诞音乐会，而你被邀请主持这次活动，请选用5W1H（何人Who，何地Where，何时When，什么What，为什么Why，如何How）的技巧来列举这次活动所要考虑的事项。

一 练习(1)：要考虑的事项

● **请把下列的问题分类，并在正确答案前的□加上√号。**

（1）邀请谁？

□ a. 何人 Who　　□ b. 何地 Where
□ c. 何时 When　　□ d. 什么 What
□ e. 为什么 Why　　□ f. 如何 How

（2）谁负责准备礼物？

□ a. 何人 Who　　□ b. 何地 Where
□ c. 何时 When　　□ d. 什么 What
□ e. 为什么 Why　　□ f. 如何 How

（3）何时举行？

□ a. 何人 Who　　□ b. 何地 Where
□ c. 何时 When　　□ d. 什么 What
□ e. 为什么 Why　　□ f. 如何 How

（4）为何要举办圣诞音乐会？

□ a. 何人 Who　　□ b. 何地 Where
□ c. 何时 When　　□ d. 什么 What
□ e. 为什么 Why　　□ f. 如何 How

（5）在哪个地方举行？

□ a. 何人 Who　　□ b. 何地 Where
□ c. 何时 When　　□ d. 什么 What
□ e. 为什么 Why　　□ f. 如何 How

（6）有什么活动？例如唱歌、抽奖、游戏等。

☐ a. 何人 Who ☐ b. 何地 Where
☐ c. 何时 When ☐ d. 什么 What
☐ e. 为什么 Why ☐ f. 如何 How

（7）如何获得经费？

☐ a. 何人 Who ☐ b. 何地 Where
☐ c. 何时 When ☐ d. 什么 What
☐ e. 为什么 Why ☐ f. 如何 How

（8）如何宣传？

☐ a. 何人 Who ☐ b. 何地 Where
☐ c. 何时 When ☐ d. 什么 What
☐ e. 为什么 Why ☐ f. 如何 How

（9）需要什么道具？气球、花纸、诗歌、座椅……

☐ a. 何人 Who ☐ b. 何地 Where
☐ c. 何时 When ☐ d. 什么 What
☐ e. 为什么 Why ☐ f. 如何 How

（10）活动举行的地方有何特点？例如面积、高度及灯光等

☐ a. 何人 Who ☐ b. 何地 Where
☐ c. 何时 When ☐ d. 什么 What
☐ e. 为什么 Why ☐ f. 如何 How

（11）为何需要这个活动？

☐ a. 何人 Who ☐ b. 何地 Where
☐ c. 何时 When ☐ d. 什么 What
☐ e. 为什么 Why ☐ f. 如何 How

（12）何时排练？

☐ a. 何人 Who ☐ b. 何地 Where
☐ c. 何时 When ☐ d. 什么 What
☐ e. 为什么 Why ☐ f. 如何 How

(13) 谁负责拍照?

☐ a. 何人 Who　☐ b. 何地 Where
☐ c. 何时 When　☐ d. 什么 What
☐ e. 为什么 Why　☐ f. 如何 How

(14) 何时开始准备?

☐ a. 何人 Who　☐ b. 何地 Where
☐ c. 何时 When　☐ d. 什么 What
☐ e. 为什么 Why　☐ f. 如何 How

(15) 需要哪些材料?

☐ a. 何人 Who　☐ b. 何地 Where
☐ c. 何时 When　☐ d. 什么 What
☐ e. 为什么 Why　☐ f. 如何 How

(16) 如何配合各项工作进度?

☐ a. 何人 Who　☐ b. 何地 Where
☐ c. 何时 When　☐ d. 什么 What
☐ e. 为什么 Why　☐ f. 如何 How

(17) 谁是表演嘉宾?

☐ a. 何人 Who　☐ b. 何地 Where
☐ c. 何时 When　☐ d. 什么 What
☐ e. 为什么 Why　☐ f. 如何 How

(18) 谁担任司仪?

☐ a. 何人 Who　☐ b. 何地 Where
☐ c. 何时 When　☐ d. 什么 What
☐ e. 为什么 Why　☐ f. 如何 How

二 练习(2):选择户外活动的地点

● 确定练习(1)所考虑的事项后,现在可通过下列的Gantt Chart (甘

特图）将所需的工作、次序（需要先执行的列在左方）、时间（横线表示所需时间，开始及完成日期）显示出来。请正确排列所需的14项工作所列，并在正确答案前的口加上√号。

DAY 1	DAY 2	DAY 3	DAY 4	DAY 5	DAY 6	DAY 7	DAY 8	DAY 9	DAY 10	DAY 11	DAY 12
1											
2											
	3										
	4										
		5									
		6									
		7									
			8								
			9								
				10							
					11						
							12				
										13	
											14

注意事项：

1.每个行动计划中都可能会有机会偏离预定的进度，你必须确认执行工作都在监督和掌握中，工作人员必须接受指导和管理，并需实时纠正计划中出错的部分。

2.当计划付诸实行后，此时你必须做的是分析及总结结果，并借由这个步骤来汲取经验和教训，以及在未来面对同样的问题时，可以采取哪些有利的解决之道。

（1）行动／工作1

□ a. 事后检讨　　□ b. 讨论圣诞音乐会内容及分工

（2）行动／工作2

□ a. 监管进度　　□ b. 订购食物

（3）行动／工作3

□ a. 订购食物　　□ b. 确定场地

（4）行动／工作4

□ a. 邀请表演嘉宾　　□ b. 正式演出

（5）行动／工作5

□ a. 设计宣传海报　　□ b. 确定场地

（6）行动／工作6

☐ a. 布置场地　　☐ b. 邀请同学参加

（7）行动／工作7

☐ a. 事后检讨　　☐ b. 设计游戏及司仪对白

（8）行动／工作8

☐ a. 订购食物　　☐ b. 正式演出

（9）行动／工作9

☐ a. 预备音乐　　☐ b. 邀请表演嘉宾

（10）行动／工作10

☐ a. 事后检讨　　☐ b. 购买道具、布置用品及礼物

（11）行动／工作11

☐ a. 布置场地及测试音响　　☐ b. 确定场地

（12）行动／工作12

☐ a. 排练　　☐ b. 商议圣诞音乐会内容及分工

（13）行动／工作13

☐ a. 正式演出　　☐ b. 订购食物

（14）行动／工作14

☐ a. 布置场地　　☐ b. 事后检讨

第 13 课　学习重点

执行方案（Implementing Solution）：

- 计划好该做的事情，列明所需要采取的行动、相关的时间进度、所需要的资源及何人将做什么事等。
- 通过5W1H的技巧来列举执行方案所考虑的事项。
- Gantt Chart（甘特图）能将所需要的工作、次序及时间进度显示出来。

第14课

创意解难步骤(6-2)：执行方案练习

执行方案是解难思维的第六个步骤，旨在计划及列明所需要采取的行动、相关项目的进度、所需要的资源及各人的责任等。

练习(1)：安排进度

●**假设你要负责为学校筹备一个圣诞音乐会，下图是该晚会的计划进度表，请细心检视所有程序，并回答校长所提出的问题。**

圣诞音乐会计划进度表

进度	项目	内容	负责人	开始日期	完成日期	备注
√	1	商议圣诞音乐会内容及分工	全部人员	3/12	3/12	
√	2	监管进度	小明	4/12	25/12	要全程监管
√	3	确定场地	珊珊	4/12	5/12	要确定场地后才可以开展其他项目
√	4	邀请表演嘉宾	小朱	6/12	7/12	
√	5	设计宣传海报	大成	7/12	9/12	
√	6	邀请同学参加	大雄	8/12	10/12	
√	7	设计游戏及司仪对白	凤凤	10/12	19/12	
√	8	订购食物	娟娟	11/12	14/12	
√	9	准备音乐	家英	14/12	20/12	根据表演嘉宾的决定而安排
√	10	购买道具、布置用品及礼物	丽丽	20/12	22/12	事项7必须完成
√	11	购买饮料	媚媚	21/12	22/12	
√	12	布置场地及测试音响	琳琳	22/12	23/12	
√	13	排练	家英	22/12	24/12	
√	14	正式演出	小强	25/12	25/12	
√	15	事后检讨	全部人员	26/12	26/12	

（1）圣诞音乐晚会由筹备至完成需时多少天？

□ a. 23

□ b. 24

□ c. 25

□ d. 26

（2）哪个项目需时最长？

□ a. 设计宣传海报

□ b. 排练

□ c. 邀请同学参加

☐ d. 监管进度

(3) 下列哪个项目需时最短?

☐ a. 购买食物
☐ b. 排练
☐ c. 正式演出
☐ d. 预备音乐

(4) 圣诞音乐晚会需要多少位成员(包括你自己)负责筹备工作?

☐ a. 11
☐ b. 12
☐ c. 13
☐ d. 14

(5) 根据音乐会计划进度表,下列哪些项目可以同时进行?

☐ a. 正式演出及排练
☐ b. 购买饮料及布置场地
☐ c. 预备音乐及预订场地
☐ d. 邀请表演嘉宾及预订场地

(6) 下列哪个项目需要所有人参与?

☐ a. 事后检讨
☐ b. 监管进度
☐ c. 正式演出
☐ d. 排练

(7) 根据音乐会计划进度表,下列哪个项目需要先完成?

☐ a. 设计宣传海报
☐ b. 购买饮品
☐ c. 邀请同学参加
☐ d. 确定场地

(8) 下列哪个项目失误会严重影响当晚的出席人数?

☐ a. 预备音乐
☐ b. 订购食物
☐ c. 邀请同学参加
☐ d. 购买饮料

(9) 哪位成员需要负责两个项目？
☐ a. 家英
☐ b. 小朱
☐ c. 小明
☐ d. 珊珊

(10) 哪位成员负责监控所有项目及程序是否有出错？
☐ a. 小强
☐ b. 大雄
☐ c. 小明
☐ d. 家英

(11) 哪个项目最能使我们汲取经验和教训？
☐ a. 商议音乐会内容
☐ b. 设计宣传海报
☐ c. 购买道具
☐ d. 事后检讨

(12) 根据音乐会计划进度表，下列哪个项目仍未完成？
☐ a. 购买饮料
☐ b. 设计宣传海报
☐ c. 订购食物
☐ d. 预备音乐

(13) “预备音乐”的内容是根据哪个项目来决定？
☐ a. 设计宣传海报
☐ b. 邀请表演嘉宾
☐ c. 监管进度
☐ d. 邀请同学参加

(14) 根据音乐会计划进度表，下列哪个项目的记录出现错误？

◇**提示:请留意每个项目的完成状况。**

☐ a. 讨论音乐会内容
☐ b. 订购食物
☐ c. 监管进度
☐ d. 邀请表演嘉宾

(15) 据音乐会计划进度表，应该有多少项目仍未完成？

☐ a. 4项
☐ b. 5项
☐ c. 6项
☐ d. 7项

(16) 在"讨论音乐会内容及分工"这个项目，你应该根据哪些准则来分配工作？

☐ a. 高度
☐ b. 身材
☐ c. 声线
☐ d. 才能

(17) 最好的行动计划人员往往是要求严格的人，并要不断地对自己的工作进行改善， 直到行动、计划没有障碍和困难，并能获得最高的成功机会为止。因此，请再检视练习(1)的进度计划表，试试找寻需特别留意的地方。（请在正确答案前的☐加√号，可选择多个答案）

☐ a. 清楚的项目内容
☐ b. 清楚的责任
☐ c. 正确的优先次序
☐ d. 可行的应急计划
☐ e. 可衡量进度的标准
☐ f. 每个项目有合理的期限
☐ g. 无限的资源供应
☐ h. 为每项内容预留改变或延长的灵活性
☐ i. 无限的人手供应
☐ j. 每个项目需要多人同时负责

第14课　学习重点

✽ 计划进度表能显示方案的进度、工作细节、负责人及时间进度等。

第15课

创意解难步骤重温

通过医生的治病程序，我们便能更了解解决困难的相同步骤：

1.发现困惑：病人发现自己的症状和征兆。
2.寻求资料：研究及询问疾病的症状、病人的生活习惯、饮食情况及病历等。
3.确定问题：从不同角度和方法去分析引致疾病的原因。
4.产生构想：寻找各种根治的方法。
5.选择方案：在众多的治疗方案中选取最适合的方法。
6.执行方案：拟定治病的药物、人手、设备及时间等。

练习(1)

● 试为下列的工作内容找寻相关的解难步骤。

(1) 尽量列举不同类和独特的解决方案。

- ☐ a. 发现困惑
- ☐ b. 寻找资料
- ☐ c. 确定问题
- ☐ d. 产生构想
- ☐ e. 选择方案
- ☐ f. 执行方案

(2) 计划要采取的行动、时间进度、所需要的资源及各人的责任。

- ☐ a. 发现困惑
- ☐ b. 寻找资料
- ☐ c. 确定问题
- ☐ d. 产生构想
- ☐ e. 选择方案
- ☐ f. 执行方案

(3) 发现令人困扰及可能遇到的问题。

- ☐ a. 发现困惑
- ☐ b. 寻找资料
- ☐ c. 确定问题
- ☐ d. 产生构想
- ☐ e. 选择方案
- ☐ f. 执行方案

(4) 在众多的构想中拟定评估准则，然后挑选最适合的解决方法。

- ☐ a. 发现困惑
- ☐ b. 寻找资料
- ☐ c. 确定问题
- ☐ d. 产生构想
- ☐ e. 选择方案
- ☐ f. 执行方案

(5) 搜集众多及详尽的资料，并有条理地审查、研究及分析。

- ☐ a. 发现困惑
- ☐ b. 寻找资料
- ☐ c. 确定问题
- ☐ d. 产生构想
- ☐ e. 选择方案
- ☐ f. 执行方案

(6) 从不同的角度及方法去分析问题的真正原因。

- ☐ a. 发现困惑
- ☐ b. 寻找资料
- ☐ c. 确定问题
- ☐ d. 产生构想
- ☐ e. 选择方案
- ☐ f. 执行方案

二、练习(2)：解难步骤重温

●下列是一些医生治病的程序，请找寻相关的解难步骤。

(1) 在知道病人的病征及病况资料后，便去找寻及确定引致疾病的原因。

☐ a. 发现困惑　☐ b. 寻找资料
☐ c. 确定问题　☐ d. 产生构想
☐ e. 选择方案　☐ f. 执行方案

(2) 拟定手术所需要的人手、设备、时间及药物等。

☐ a. 发现困惑　☐ b. 寻找资料
☐ c. 确定问题　☐ d. 产生构想
☐ e. 选择方案　☐ f. 执行方案

(3) 病人发现自己的症状及征兆。

☐ a. 发现困惑　☐ b. 寻找资料
☐ c. 确定问题　☐ d. 产生构想
☐ e. 选择方案　☐ f. 执行方案

(4) 在确定病人的病因后，便去找寻各种根治的方法。

☐ a. 发现困惑　☐ b. 寻找资料
☐ c. 确定问题　☐ d. 产生构想
☐ e. 选择方案　☐ f. 执行方案

(5) 详细研究及询问疾病的症状、病人的生活习惯、饮食情况及病历等。

☐ a. 发现困惑　☐ b. 寻找资料
☐ c. 确定问题　☐ d. 产生构想
☐ e. 选择方案　☐ f. 执行方案

(6) 在众多的治疗方案中选取最合适的方法。

☐ a. 发现困惑　☐ b. 寻找资料
☐ c. 确定问题　☐ d. 产生构想
☐ e. 选择方案　☐ f. 执行方案

三 练习(3)：爸妈的吵架

小慧是个小学六年级的学生，热爱学习并经常阅读课外书。可惜她爸爸妈妈常因小事而在家吵架，以致不能给予她安静的环境做功课及温习。

●试为每个解难步骤找寻相关的资料，并在正确答案前的方格加上√号。

发现困惑 Mess Finding	1	□ a.没有安静的地方温习	□ b.到图书馆温习
	2	□ a.父母的关系不和谐	□ b.请教专家
寻找资料 Data Searching	3	□ a.为何吵架	□ b.不可以有怒气
	4	□ a.观察父母的性格	□ b.要使家中宁静
确定问题 Problem Confirmation	5	□ a.父亲工作压力大	□ b.播悦耳的音乐，使心境平静
	6	□ a.管教子女方法分歧	□ b.何时吵架
产生构想 Idea Generation	7	□ a.请教专家	□ b.研究父母的沟通方式
	8	□ a.播悦耳的音乐，使心境平静	□ b.每次吵架的时间
选择方案 Solution Selection	9	□ a.要使家中宁静	□ b.心情烦躁
	10	□ a.增加父母彼此了解及体谅	□ b.管教子女方法分歧
执行方案 Implementing Solution	11	□ a.轻声说话	□ b.父亲赌博
	12	□ a.若有怒气，请以手写来沟通	□ b.经济有困难

第16课

创意解难综合练习

“创意解难”的六个步骤：

(1) 发现困惑
(2) 寻找资料
(3) 确定问题
(4) 产生构想
(5) 选择方案
(6) 执行方案

一 综合练习(1)：顽皮的弟弟

你的弟弟是一个非常顽皮的小学四年级学生，并且经常在家中捣乱。因此，家中的物件经常被他弄坏及胡乱摆放，家人为此都烦恼不已。

● 试为每个解难步骤找寻相关的资料，并在正确答案前的方格加上√号。

发现困惑 Mess Finding	1	□ a.父母多在家相陪	□ b.弟弟顽皮
	2	□ a.家中物件凌乱	□ b.加添爱心来对待弟弟
寻找资料 Data Searching	3	□ a.留意弟弟的生活习惯	□ b.自己树立好榜样
	4	□ a.研究弟弟的性格	□ b.与社工或心理学家商量
确定问题 Problem Confirmation	5	□ a.父母要亲自参与所有活动	□ b.坏朋友影响
	6	□ a.不可以损害弟弟的心灵及自尊	□ b.父母的溺爱
产生构想 Idea Generation	7	□ a.订立家规	□ b.弟弟非常顽皮
	8	□ a.父母多在家相陪	□ b.家中物件凌乱
选择方案 Solution Selection	9	□ a.弟弟欠缺朋友	□ b.不可以损害弟弟的心灵及自尊
	10	□ a.增添家人烦恼	□ b.方法要安全
执行方案 Implementing Solution	11	□ a.对弟弟进行全面的心理分析及辅导	□ b.弟弟欠缺别人关心
	12	□ a.加添爱心来对待弟弟	□ b.坏习惯影响

二 综合练习(2)：新单车

你的旧单车已经用了近三年，并且有点破旧。当你向父母提议购买新单车时，他们说你的单车依然可以使用，同时也不能负担新单车的昂贵费用。你只有少量的储蓄，而零用钱也仅够支出。你有无可行的方法解决以上的问题？

●试为每个解难步骤找寻相关的资料，并在正确答案前的方格加上√号。

发现困惑 Mess Finding	1	□ a. 没有足够的金钱购买新单车	□ b.不可以举债
	2	□ a.不能拥有新单车，很苦恼	□ b.变卖不再使用的单车
寻找资料 Data Searching	3	□ a.旧单车有损个人面子	□ b.重新检视自己的消费习惯
	4	□ a.变卖不再使用的玩具	□ b.是否有其他价格较低的型号
确定问题 Problem Confirmation	5	□ a.自己贪心	□ b.利用空余时间兼职
	6	□ a.不可以影响健康	□ b.不适当地使用零用钱，以致欠缺储蓄
产生构想 Idea Generation	7	□ a.新单车的价格	□ b.旧换新
	8	□ a.怕朋友嘲笑	□ b.和朋友合购，轮流使用
选择方案 Solution Selection	9	□ a.不可以举债	□ b.自己贪心
	10	□ a.新单车的价格	□ b.不可以增加父母的经济负担
执行方案 Implementing Solution	11	□ a.利用空余时间兼职	□ b.旧单车有损个人面子
	12	□ a.自己贪心	□ b.变卖不再使用的玩具

第16课　学习重点

❀ 计划进度表能显示方案的进度、工作细节、负责人及时间进度等。

参考答案

由于思维的多样化，每个人对同一个问题的思考所得的答案绝不会是完全一样的。因此，我们在这里所提供的答案只是一个参考、只是为了学习思维技巧而运用的，而绝不是一个统一的标准答案。

第1课

一 (1) c (2) d (3) b (4) b (5) a (6) c (7) d (8) a、b、c、d、e、f

二 a、b、c、d、e、f、g

四 左方：d 右方：d

第2课

<table>
<tr><td>第一步：
问题是什么</td><td colspan="3">父母不赞成自己参加学校的社团活动</td></tr>
<tr><td>第二步：
问题的成因</td><td colspan="3">父母认为社团活动浪费时间及影响学业</td></tr>
<tr><td rowspan="6">第三步：
解决方法</td><td colspan="3">方法一：让父母知道社团活动的意义</td></tr>
<tr><td colspan="3">方法二：请社团队长说服父母</td></tr>
<tr><td colspan="3">方法三：邀请父母一同参与社团活动</td></tr>
<tr><td colspan="3">方法四：承诺学业成绩会继续进步</td></tr>
<tr><td colspan="3">方法五：找一些品学兼优的榜样</td></tr>
<tr><td colspan="3">方法六：协议每月参加社团活动的时数</td></tr>
<tr><td rowspan="6">第四步：
方法的评审</td><td>方法一</td><td>好处——
父母较易接受</td><td>坏处——
要花时间搜集资料</td></tr>
<tr><td>方法二</td><td>好处——
较大说服力</td><td>坏处——
队长未必能帮忙</td></tr>
<tr><td>方法三</td><td>好处——
父母有亲身经验</td><td>坏处——
父母未必能抽空参与</td></tr>
<tr><td>方法四</td><td>好处——
由自己决定自己的命运</td><td>坏处——
付出努力</td></tr>
<tr><td>方法五</td><td>好处——
有说服力</td><td>坏处——
不容易找到</td></tr>
<tr><td>方法六</td><td>好处——
父母较易接受</td><td>坏处——
不能参加更多社团活动</td></tr>
<tr><td>第五步：
我的决定</td><td colspan="3">承诺学业成绩会继续进步：因为这样父母必然感到满意，而且对自己有更大的益处</td></tr>
</table>

第4课

二 (1) a、d (2) a、b (3) a、b (4) a、b (5) a、b (6) a、b (7) a、b (8) a、b (9) a、b
(10) a、b
(11) a、b (12) a、b

第5课

一 (1) a (2) a (3) b (4) d (5) c (6) e (7) f (8) a (9) c (10) b (11) d (12) a (13) e (14) f

二 (1) 适当 (2) 不适当 (3) 适当 (4) 适当 (5) 不适当 (6) 适当 (7) 适当 (8) 不适当
(9) 适当 (10) 不适当 (11) 适当 (12) 适当 (13) 不适当 (14) 适当 (15) 适当
(16) 不适当 (17) 适当 (18) 不适当 (19) 适当

第6课

一 (1) a (2) b (3) c (4) c (5) a (6) b (7) b (8) d (9) b (10) a (11) d

二

☑ 看电影	☑ 游泳	☑ 登山	☑ 跑步
☑ 看课外书	☑ 远足	☑ 玩计算机游戏	☑ 玩乐器
☑ 滑浪	☑ 音乐会	☑ 上网聊天	☑ 宗教活动
☑ 图书馆	☑ 雕刻	☑ 骑马	☑ 欣赏歌剧
☑ 童军活动	☑ 剑击	☑ 划船	☑ 骑单车
☑ 跳舞	☑ 球类活动	☑ 看电视	☑ 上网
☑ 绘画	☑ 旅行	☑ 露营	☑ 唱歌

第7课

一、b 二、c 三、d 四、c 五、兔子和鸭子 酒杯及两个人的侧面 少女及老婆婆

第8课

一 问题 b. 衣服肮脏

个人	b. 不懂使用	d. 粗心大意
机器	b. 机器损坏	d. 机器欠保养
衣服	b. 衣服质料太差	d. 不将衣服分类
方法	b. 放入太多衣服	d. 操作方法出错
材料	b. 洗衣粉质量太差	d. 洗衣粉太少
其他	b. 水源受污染	d. 污渍需特别处理

二 弟弟的骄傲行为、学校欠缺人手监管、妒忌心、学生欠缺家庭管教、弟弟欠缺耐心、弟弟欠缺处理人际关系的技巧、成绩差的学生受到不公平对待、社会风气及传媒的渲染、那

些学生结交坏朋友。

第9课

一　想象将来健康的身体、奖励戒烟成功、吸烟不准点火、罚钱、父亲应树立好榜样、计算戒烟后所省下的金钱、用摄影机拍下他抽烟的情境、朋友分享戒烟的心得、请教医生及检查身体、做实验——污染的肺部、用买烟钱来买玩具、肺癌病人的恐怖模样……

二　离开香港、与人和善相处、只叫她“美丽”、为其他人改花名、教别人用普通话叫她的名字、不跟他们做朋友、告诉老师、只用普通话介绍自己……

第10课

一　鼓励朋友用储蓄来购物、自己做个好榜样、了解他们偷窃的心理、教导他们分忭辨“想要”和“需要”、要求朋友的父母购买、教导诚实的可贵、讲一些失败的经验、安排他们见社工……

二　乒乓球台、大型木板海报、桌球台、塑胶椅、塑胶台、打开的伞、将木筷子或胶瓶等捆在一起、大胶箱、木茶几、吹气玩具、大木箱、大行李箱……

第11课

一 (1) b、c、d、g、h、i、j

(2) a、b、c、d、e、f、g、h、i、j

(3) c、e、f、i

(4) a、b、c、d、e、f、g、h、i、j

二

情况	好处 / 坏处	
学校旅行时下大雨	☑ 使农作物生长 ☑ 天气凉快 ☒ 破坏旅行的气氛	☑ 回家睡觉 ☒ 要带雨具 ☒ 不能作室外活动
个性独立	☑ 不需依靠别人 ☒ 较难开口向人求助 ☑ 不令家人担心	☒ 减少与人合作的机会 ☑ 可以自我照顾 ☒ 缺乏团队精神
成为富豪	☑ 不需担心生活 ☑ 可以帮助穷人 ☑ 可环游世界	☒ 子女较易争产 ☒ 成为绑架目标 ☒ 招人妒忌

网络大塞车	☒ 不能寄电邮 ☒ 不能找资料 ☒ 不能玩网上游戏	☑ 休息 ☑ 更多时间思考 ☑ 多些和家人或朋友沟通
遗失钱包	☑ 学会小心保管财产 ☑ 可以买新钱包 ☒ 损失金钱	☑ 口袋轻了很多 ☒ 要重新申请各种证件 ☒ 心情烦躁
因病请假	☑ 检讨生活和饮食习惯 ☒ 要忍受疾病痛苦 ☑ 学会爱护身体	☒ 不能上学或工作 ☑ 休息 ☒ 要花钱看医生
美丽的外表	☑ 自信 ☑ 容易被人接受 ☒ 较难接受自己的年老	☑ 容易被人赞美 ☒ 容易忽略内在的修养 ☒ 较容易变成骄傲
考试成绩未如理想	☒ 被父母责怪 ☒ 心情低落 ☒ 被别人看低	☑ 有进步空间 ☑ 有自我检讨的机会 ☑ 发奋的动力
运动经常获得冠军	☑ 威风八面 ☑ 增加自信心 ☒ 招人妒忌	☑ 学会谦卑 ☒ 容易骄傲 ☒ 自视过高
宠物死亡	☑ 了解死亡的意义 ☑ 节省时间陪伴宠物 ☒ 伤心	☑ 节省买饲料的金钱 ☒ 不能再与宠物玩 ☒ 少了一个朋友

第13课

一 (1) a (2) a (3) c (4) e (5) b (6) d (7) f (8) f (9) d (10) b (11) e (12) c (13) a (14) c (15) d (16) f (17) a (18) a

二 (1) b (2) a (3) b (4) a (5) a (6) b (7) b (8) a (9) a (10) b (11) a (12) a (13) a (14) b

第14课

(1)b (2) d (3) c (4) b (5) b (6) a (7) d (8) c (9) a (10) c (11) d (12) a (13) b (14) c (15) c (16) d (17) a, b, c, d, e, f, h

第15课

一 (1) d (2) f (3) a (4) e (5) b (6) c

二 (1) c (2) f (3) a (4) d (5) b (6) e

三 (1) a (2) a (3) a (4) a (5) a (6) a (7) a (8) a (9) a (10) a (11) a (12) a

第16课

一 (1) b (2) a (3) a (4) a (5) b (6) b (7) a (8) a (9) b (10) b (11) a (12) a

二 (1) a (2) a (3) b (4) b (5) a (6) b (7) b (8) b (9) a (10) b (11) a (12) b

主要参考书目

* 克里斯托弗·雷尼格著，谢芳译 (2003)，《解决问题之旅》，上海人民出版社，上海
* 凯特·姬南著，杨宇光译 (2002)，《解决问题》，三联书店(香港)有限公司，香港
* 麦可·史蒂文斯著，周子瑜译 (2002)，《30分钟教你Smart解决难题》，大旗出版社，台湾
* 郭有组著 (1999)，《创造性的问题解决法》，心理出版社，台湾
* 欧阳绛著 (2004)，《解决问题的技巧》，中央编译出版社，北京
* 佐藤允一著，王海燕、马金译 (2004)，《解决》，中央编译出版社，北京
* 田鹏著 (2003)，《解决问题就是创造财富》，中信出版社，北京
* S.lan Robertson著，张奇等译 (2001)，《问题解决心理学》，中国轻工业出版社，北京
* 桑迪·波克拉斯著，陈帆译 (2003)，《团队问题解决》，云南人民出版社，昆明
* Altier. William J著，黄逸华译 (2001)，《思考软件》，蓝鲸出版有限公司，台湾
* Treffinger, Donald J (2000), "Creative Problem Solver's Guidebook" (Third Edution), Prufrock Press Inc., Texas
* Keller – Mathers, Susan & Puccio, Kristin (2000), "Big Tools for Young Thinkers", Prufrock Press Inc., Texas
* Treffinger, Donald J & Dorval K. Brain & Isaksen Scott G (1998), "Toolbox for Creative Problem Solving", Creative Problem Solving Group – Buffalo
* Treffinger, Donald J & Nassab, Carole & Schoonover, Patricia & Selby, Edwin & Shepardson, Cindy & Witting, Carol & Young Grover (2003), "Elementary Level Thinking with Standards – Preparing for Tomorrow", Prufrock Press Inc., Texas
* Higgins, James M (1994), "101 Creative Problem Solving Techniques", New Management Publishing Co. Inc, Florida
* Jones Morgan D (1995), "The Thinkers Toolkit: 14 powerful Techniques for Problem Solving", Three Rivers Press, New York
* Dombroski, Thomas W (2000), "Creative Problem Solving", Excel Press
* Fobes, Richard (1993), "The Creative Problem Solver's Toolbox", Solutions Through Innovation, Portland
* Eberle, Bob & Stanish Bob (1996), "CPS for Kids", Prufrock Press, Texas
* Elwell, Patricia A (1993), "Creative Problem Solving for Teens", Prufrock Press, Texas
* Treffinger, Donald J & Keller – Mathers, Susan & Puccio, Kristin (2000), "Adventure in Real Problem Solving", Prufrock Press, Texas
* Treffinger, Donald J (2000), "Practice Problems for Creative Problem Solving", Third Edition, Prufrock Press, Texas

* Paustian, Anthony D (1997), "Imagine! Enhancing Your Problem Solving and Critical Thinking Skills", Prentice Hall NJ

* Pokras, Sandy (1989), "Systematic Problem – Solving and Decision Making", Crisp Publication Inc, California

* Isaksen, Scott G & Treffinger, Donald J, "Workbook for Creative Problem Solving: The Basic Course", Bearly Ltd.